HISTOIRE NATURELLE

ET ÉCONOMIQUE

DU MOUTON

ET

DE LA CHÈVRE.

AVEC FIGURES.

PAR M. C. P. DE LASTEYRIE.

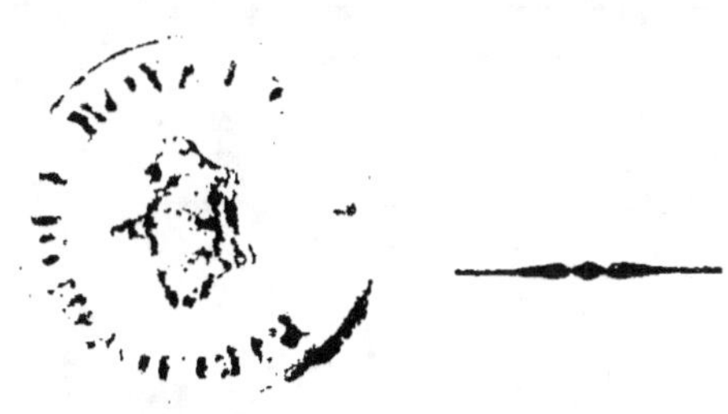

PARIS.

RUE TARANNE, N° 12.

1834

IMPRIMERIE DE E. DUVERGER.
RUE DE VERNEUIL, N° 4.

HISTOIRE NATURELLE

ET ÉCONOMIQUE

DU MOUTON.

Le mot mouton sert à désigner l'espèce d'animal
dont le mâle se nomme bélier, la femelle brebis et
le petit agneau. De tous les quadrupèdes de taille
moyenne que l'homme a soumis à son domaine, le
mouton est celui dont nous retirons les plus grands
avantages, soit pendant sa vie, soit après sa mort.
Dans le premier état, il nous donne chaque année
une abondante toison, dont l'emploi sert à une foule
d'usages; il fertilise nos champs par le parcage et
l'excellent fumier qu'il produit. Après sa mort, sa
chair nous offre une abondante et saine nourriture;

sa peau nous donne une excellente fourrure. Son cuir reçoit un grand nombre d'applications ; son suif remplace la lumière du soleil lorsque cet astre cesse de nous éclairer. Nous avons su même tirer parti de ses os et de ses entrailles. Nous ne pouvons donc être trop reconnaissans envers la Providence qui nous a donné un animal si utile, si soumis à l'homme, et qui s'acclimate et vit dans les régions tempérées comme dans celles ou le chaud ainsi que le froid sont excessifs. Le mouton, réduit à l'état de servitude, est timide, craintif, s'épouvante et fuit au moindre bruit. Livré à lui-même, il serait incapable de pourvoir à sa propre sûreté. Dans l'état de nature, au contraire, il est hardi, agile, courageux, attend son ennemi et se jette sur lui avec impétuosité. Mais si le danger est plus imminent et qu'une troupe de moutons vienne à être attaquée par des assaillans plus nombreux, alors ces animaux forment une espèce de phalange, ayant au centre les brebis et les agneaux, et les béliers en tête attendent de pied ferme leurs ennemis qu'ils menacent de leur front et de leurs cornes. Dans l'Ecosse et le pays de Galles, l'on trouve des moutons à demi sauvages qui errent jour et nuit par bandes plus ou moins nombreuses. Lorsqu'un de ces animaux se trouvant isolé, aperçoit quelqu'un qui vient le troubler dans sa solitude, il le regarde en face, le laisse approcher à une distance de cent pas ; mais si l'inconnu avance de plus près, alors il pousse une espèce de sifflement pour avertir ses compagnons, qui tous prennent immédiatement la fuite et se retirent sur les lieux les plus escarpés.

La servitude à laquelle nous avons réduit les animaux leur a fait perdre les qualités les plus essentielles dont ils étaient doués par la nature, telles que l'agilité, la force, le courage et l'amour de l'indépendance. Cette dégénérescence, plus sensible chez le mouton que dans les autres espèces, l'est encore plus chez l'homme. La servitude à laquelle l'homme s'est trouvé soumis par le despotisme dans tous les lieux et dans tous les temps, en lui enlevant la dignité de sa propre nature, l'a rendu lâche, égoïste, fourbe, paresseux, adonné aux seuls plaisirs sensuels, et incapable de ces sentimens et de ces inspirations nobles et énergiques qui élèvent l'ame et l'excitent aux actions grandes et généreuses.

Les races de moutons domestiques que nous possédons proviennent de l'Argati, mouton sauvage qui habite les montagnes au nord de l'Asie, et dont la chaîne se prolonge vers le midi. Il est plus gros que nos moutons : sa taille est celle de la chèvre. Sa laine est grossière, légèrement frisée. Il porte sur la tête des cornes d'une grandeur prodigieuse, qui pèsent chacune plus de trente livres. Il est d'une force et d'une intrépidité remarquables, et ne craint aucun ennemi. On trouve dans le nord de l'Amérique une variété de l'Argati, à laquelle on a donné le nom de moufflon, et qui a existé anciennement sur les moutagnes de la Sardaigne et de la Corse. Ces deux variétés ne diffèrent de l'Argali que par la petitesse de leurs cornes, et par le poil non frisé dont elles sont revêtues.

Le mouton domestique grandit jusqu'à trois ans, époque où on le livre ordinairement à la boucherie après l'avoir engraissé. La brebis commence à produire à l'âge d'un an et demi, et continue jusqu'à cinq ou six ans. Elle n'a ordinairement qu'un agneau à chaque portée. A un an, le mouton perd les deux dents intermédiaires de la mâchoire inférieure; à dix-huit mois, les deux dents voisines de celles-ci; à deux ans, les deux autres dents qui accompagnèrent toutes ces premières. Ces dents de lait sont remplacées par des dents plus fortes, qui s'usent et noircissent à mesure que l'animal avance en âge. Le mouton, ainsi que la chèvre, n'a point de dents canines; la mâchoire supérieure est privée de dents incisives, tandis que l'inférieure en a huit. Le bélier a des cornes plus ou moins longues, plus ou moins recourbées; la brebis en est ordinairement privée. La laine du mouton domestique varie en longueur, en finesse et en couleurs, selon les races.

L'instinct de la brebis pour reconnaître son petit, et celui de l'agneau pour retrouver sa mère, est remarquable chez le mouton, quoiqu'il soit à peu près le même chez tous les animaux. Lorsqu'on sépare les brebis des agneaux, et qu'après avoir renfermé celles-ci, et avoir tondu leur laine, on les laisse aller rejoindre leurs agneaux les unes après les autres, la brebis pousse un bêlement, reconnu à l'instant par son petit, qui y répond par un autre bêlement : et l'un et l'autre se dirigent de suite vers le lieu d'où sont partis les accens qui les ont frappés. L'agneau court à sa mère, et au premier abord il reste étonné un instant en la voyant dans un autre costume, c'est-à-dire privée de sa laine ; mais bientôt il s'approche pour recevoir ses caresses. Il est étonnant que, parmi un si grand nombre d'agneaux, aucun ne se méprenne et que tous reconnaissent leur mère.

Le mouton trouve facilement sa nourriture dans les parages les plus arides et dans les champs où le cheval et le bœuf ne pourraient vivre. La petitesse de son museau lui permet de saisir les herbes les plus fines et les plus courtes. Il se plaît sur les prairies et sur les terrains secs. Celles qui sont humides lui occasionnent des maladies, surtout lorsqu'il n'y est pas habitué dès sa jeunesse. On forme dans les grandes fermes des troupeaux composés de plusieurs centaines d'individus que l'on conduit sur des pâturages ou dans les champs dépouillés de leurs cultures. On confie la garde et la direction de ces troupeaux au chien de berger, dont nous avons parlé dans l'histoire naturelle et économique du chien. L'intelligence de cet animal et sa surveillance sont si actives qu'un troupeau de plusieurs centaines d'individus passe tout le long d'un champ couvert d'une récolte quelconque, sans qu'aucun se hasarde d'y porter la dent. On les affourage dans l'étable avec de la paille, du foin, des plantes de prairies artificielles, des navets, des pommes de terre, etc. Il faut, pour conserver la santé de ces animaux, qui sont sujets à plusieurs maladies, leur donner en hiver, où ils ne trouvent rien dans les champs, une portion de nourriture fraîche composée de racines de toute espèce, ou à leur défaut, du foin de bonne qualité. Les moutons sont, ainsi que presque tous les animaux, très friands de sel, substance qui contribue beaucoup à les garantir de plusieurs maladies, et à les entretenir sains et vigoureux; on donne une livre de sel par semaine pour vingt moutons; mais on ne peut faire usage en France de cette ressource si importante pour notre agriculture, à cause de l'impôt onéreux sur le sel qui pèse sur la France.

Il n'est pas moins important de tenir ces animaux dans des étables sèches et bien aérées, ce qui se fait en pratiquant des fenêtres ou des ouvertures nombreuses et sur des côtés opposés. L'absence des soins que nous indiquons ici occasionne trop souvent la perte d'un grand nombre de moutons et la ruine de nos troupeaux. On laisse, en Angleterre, ces animaux, hiver comme été, sur des prairies ou des pacages entourés de haies; et ils se maintiennent dans cet état en meilleure santé qu'ils ne le font dans nos étables.

Les Anglais qui se sont livrés d'une manière spéciale à l'éducation des moutons, sont parvenus, au moyen des croisemens, à obtenir différentes races remarquables par des qualités plus ou moins importantes. Ainsi, ils ont obtenu des races à laines courtes superfines, des races à laines d'une longueur de quatorze à dix-huit pouces, des races avec de très petits os comparativement à la quantité de chair qu'elles produisent, des races qui ont les cuisses très volumineuses, par la raison que les gigots sont plus recherchés à Londres, dans une saison de l'année, que les autres parties de l'animal; enfin des races d'une taille et d'une grosseur extraordinaires, puisque ces animaux, dépouillés de leur peau et de leurs entrailles, pèsent 90, 120 et même jusqu'à 200 livres. Toutes ces améliorations n'ont eu lieu que par l'habileté et l'émulation de plusieurs agriculteurs; car on sait apprécier, en Angleterre, toute l'importance de l'agriculture; on estime et l'on considère les hommes dont les travaux tendent à l'amélioration; et l'on peut citer, entre plusieurs hommes distingués en ce genre, M. Bakewell, qui avait porté si loin le perfectionnement des races que l'on peut dire qu'il en avait créé de nouvelles. Ces animaux étaient tellement recherchés par les agriculteurs, qu'il louait un seul bélier, pour la monte d'une année, dix et vingt guinées et même jusqu'à cent. Ce cultivateur retira même en 1786, du loyer de vingt béliers, une somme de 1,000 guinées, environ 25,000 fr.

Le mouton, pendant sa vie, fertilise chaque jour

nos terres, et chaque année il nous enrichit par la dépouille de sa laine. Ses excrémens fournissent un engrais plus actif que celui des autres quadrupèdes élevés dans nos fermes. Le parquage, qui consiste à faire stationner, pendant la nuit et une partie de la journée, sur les terres, des moutons renfermés entre des claies ou des palissades, ayant la propriété de féconder le sol, supplée aux fumiers, et sans lesquels il ne peut y avoir de bonne agriculture. Il est à regretter que le parquage ne soit pas usité par tous les cultivateurs qui possèdent un nombre assez considérable de moutons pour suivre cette bonne méthode.

De tous les produits de l'agriculture employés pour le vêtement de l'homme et dans un grand nombre d'usages, la laine du mouton est le plus précieux et le plus utile. Elle sert à fabriquer de cent manières différentes, des étoffes qui couvrent notre corps depuis la tête jusqu'aux pieds, et qui l'abritent contre les intempéries des saisons. Il est difficile de calculer la quantité innombrable de bras employés pour la fabrication des divers objets qui servent à nos besoins ou à notre usage. La fabrication seule du drap occupe un nombre prodigieux d'ouvriers.

Les laines ayant des qualités différentes ne sont pas employées indistinctement dans toute espèce d'ouvrages. Ainsi, les laines courtes servent à fabriquer des draps plus ou moins beaux, selon le degré de leur finesse. Les laines longues entrent dans la confection des flanelles, des bas, etc. Il y a trente ans que les laines les plus fines répandues dans le commerce étaient celles des mérinos d'Espagne. Cette race, importée en France, donne des laines supérieures à ces dernières, par la raison qu'elles ont été améliorées par nos cultivateurs. Celles de Saxe, provenant de la même race, ont encore un degré de finesse supérieur, car on s'est livré dans ce pays à l'éducation de cette race avec encore plus de soin qu'en France.

Outre la fabrication des draps, la laine est employée dans celle des flanelles, des schalls et autres étoffes propres aux femmes, des couvertures de lit, des tapis, des tapisseries, des bas, des chapeaux, des housses, des matelas, des tentures d'appartemens, des chaises, des fauteuils, et d'une foule d'autres objets plus ou moins importans qu'il serait trop long de détailler ici.

Le lait des brebis, quoique bien moins abondant que celui des vaches, est cependant d'une grande ressource dans les pays où la nature du sol et le climat ne permettent pas d'entretenir ces derniers animaux. Ce lait se prend, soit en nature, soit en caillot, soit sous la forme de beurre ou de fromage. Ces derniers sont d'un goût délicat et très estimés dans les pays chauds. On mélange ce lait avec celui de vache ou de chèvre pour faire des fromages; tels sont ceux de Roquefort, dans le département de l'Aveyron, qui sont très recherchés et que l'on considère communément, même chez l'étranger, comme l'espèce de fromage la plus savoureuse qui existe. Le caillet du lait de brebis est très estimé dans les pays chauds. La brebis donne son lait pendant cinq ou six mois, et on la trait deux fois par jour.

Les produits du mouton après sa mort sont sa chair, sa peau, son suif, ses os et même ses boyaux dont on a su tirer parti. La viande de mouton est saine et nourrissante, elle a une saveur et un goût recherchés, lorsque ces animaux paissent sur des terrains abondans en plantes fines et aromatiques. Ceux qui vivent sur des prairies imprégnées de sel marin ont aussi une chair délicate; la viande du mouton engraissé est toujours plus succulente et plus savoureuse. Les habitans des landes du Lunébourg et du Brandebourg, en Allemagne, préparent des jambons excellens, avec les cuisses des moutons qu'on a bien engraissés. On doit reprocher à nos cultivateurs de ne pas engraisser suffisamment les moutons destinés à la boucherie; ce soin leur serait profitable, ainsi qu'aux consommateurs, d'autant plus que la viande de mouton est celle dont la consommation est la plus générale en France. La chair des vieilles brebis, surtout lorsqu'elles ne sont pas engraissées, est toujours coriace; celle des agneaux est très estimée, principalement dans les pays chauds, où il s'en fait une grande consommation.

Le suif des moutons, plus dur que la graisse de bœuf,

est employé, eu égard à cette propriété, à la fabrication des chandelles, surtout dans les pays du nord,
où l'huile n'est pas si abondante que dans ceux du
midi. Les moutons engraissés donnent une bien plus
grande quantité de suif. Quoique cette substance
soit principalement affectée à la fabrication des chandelles, on l'emploie à la fabrication du savon, surtout
dans les contrées du nord; et par la raison que nous
venons de donner, ces savons sont d'une très bonne
qualité. Le suif sert à graisser les peaux, les machines,
les souliers des gens de la campagne, et à beaucoup
d'autres usages moins importans.

La peau de mouton reçoit différentes pré-
parations dans les tanneries, et entre dans la
confection d'un nombre très considérable d'objets apprêtés sous le nom de basane; elle sert à
couvrir les livres, les portefeuilles. Préparée en
forme de maroquin, on en fait des chaussures de
toute espèce, des dessus de tables, des revêtemens
de meubles, des tabliers d'ouvriers, des culottes,
des gants, des selles et autres harnais de chevaux,
des équipemens pour les armées, et une foule
d'autres objets qu'il serait trop long d'énumé-
rer. C'est elle qui, après avoir subi une certaine
préparation, donne le parchemin et le vélin, qui
étaient d'une si grande utilité avant que l'on eût dé-
couvert l'art de fabriquer le papier. C'est par le
moyen de cette substance que nous sont parvenus les
manuscrits, dans lesquels étaient consignées les con-

naissances de l'antiquité. Le parchemin sert à la reliure des livres et à plusieurs autres usages. Ses débris et ses rognures donnent une colle utile aux arts. La peau garnie de ses poils est employée à faire des fourrures, des manteaux pour se préserver de la pluie, des housses de chevaux, des chancelières ou des bottes pour tenir les pieds chaudement pendant l'hiver et à un grand nombre d'autres usages.

On obtient, à Astracan et dans quelques autres parties de l'Asie, des pelisses d'une grande beauté et d'un haut prix, en tuant des agneaux aussitôt leur naissance. Le poil de ces peaux est court, teint de couleur mélangée de noir et de blanc, et il forme des boucles contournées de diverses manières. Ces peaux sont recherchées dans le nord pour garnir les vêtemens et les bonnets. On se procure dans le même pays un autre genre de fourrure encore plus estimée ; à cet effet on enveloppe le corps de l'agneau, aussitôt qu'il est né, d'une toile que l'on serre fortement et que l'on humecte avec de l'eau chaude. La toison de l'animal, maintenue ainsi pendant quelques jours, devient lustrée et prend un aspect moiré. Les moutons de couleur noire ou brune donnent une laine qui, n'ayant pas besoin d'être teinte, sert à faire des draps pour les habitans de la campagne.

Les cornes et les boyaux des moutons ne sont pas perdus pour l'industrie ; les premières sont employées à la fabrication des boutons et d'autres pe-

tits ouvrages de tour; les seconds à celles des cordes pour différens usages. Les cordes d'instrumens
de musique se font avec les boyaux des jeunes
agneaux.

Le mouton ainsi que le chien sont deux animaux
qui offrent une grande variété de races, par la raison qu'ayant été conduits par l'homme sur tous les
points du globe, ils ont éprouvé des modifications en
raison de la diversité des climats, des alimens ou
du régime auquel on les a soumis. Ainsi il se
trouve en Islande, pays couvert de neige pendant
six mois de l'année, une race de moutons à demi
sauvage, qui vit toujours dans les champs, et
cherche sa nourriture en grattant la neige avec ses
pieds. Les habitans de cette île rassemblent ces animaux, lorsqu'ils veulent les tondre ou bien les
tuer pour la boucherie. Leur laine se compose d'un
poil long et soyeux à la base duquel croît un duvet
cotonneux et très fin. Ils ont quatre cornes sur la
tête, et souvent même cinq à six. On en élève de
grands troupeaux dans les déserts de la Tartarie, en
Perse, en Arabie et dans quelques autres parties de
l'Asie et de l'Afrique. C'est une race remarquable
par la largeur et la grosseur de sa queue qui a cinq
pouces d'épaisseur, un pied de large, sur quinze
pouces en longueur et se termine par une petite
pointe. Elle pèse souvent vingt et trente livres;
aussi les bergers de ces contrées, afin de soulager
les moutons d'un fardeau si lourd, et qui souvent

traînerait à terre , la soutiennent sur une planche, qui est attachée au corps de l'animal et qui porte sur des roulettes. Les queues couvertes de poils en dessus en sont dépourvues en dessous. Elles sont formées par une substance ferme et graisseuse qui est recherchée comme un mets très délicat.

L'Espagne, pays où l'on trouve de très belles races d'animaux domestiques en tout genre, est surtout remarquable par la race des moutons mérinos qu'elle a possédée seule pendant long-temps, mais qui depuis quelques années s'est répandue et propagée dans toute l'Europe. La laine de ces précieux animaux dont on ne peut se passer pour obtenir des draps superfins , des schalls et des étoffes dites mérinos, a conservé sa finesse partout où les cultivateurs ont apporté à leur éducation les soins convenables. Elle a acquis même de nouvelles qualités, lorsqu'on a su croiser les individus avec intelligence et discernement. Tous les agriculteurs, sans exception, croyaient que la finesse des laines de mérinos dépendait de la nature du climat d'Espagne , de celle de ses pâturages, des voyages que chaque année on leur fait faire du nord au midi et du midi au nord. L'auteur de cet ouvrage a démontré par les faits et les observations recueillies dans ses voyages en Espagne, que la finesse des laines des moutons mérinos , était uniquement due à la race particulière de ces animaux et qu'ils produiraient la même espèce de laine partout, où l'on apporterait les soins nécessaires à leur conservation. C'est depuis la publication des ouvrages qu'il a faits sur l'histoire et l'éducation de cette précieuse race, qu'elle s'est répandue, non-seulement en Europe, mais même dans le nord de l'Asie et de l'Amérique. On trouve en Espagne, outre la race des mérinos, un grand nombre d'autres variétés dont plusieurs sont remarquables par leurs formes; et d'autres qui produisent une laine qui diffère peu du poil de la chèvre.

Les Anglais, qui possèdent de très belles races, les doivent, non à la nature, mais à l'art; et ils ont obtenu des animaux qui produisent une viande plus ou moins recherchée, plus ou moins abondante. D'autres races qui se trouvent principalement dans le comté de Lincoln et dans celui de Leicester, sont d'une grosseur énorme et sont couvertes d'une toison à longue laine dont le poids s'élève souvent à vingt livres. Ils ont aussi de petites races, qui, pour la finesse de la laine, approchent de celle des mérinos.

Nous possédons en France plusieurs races de moutons, qui doivent les qualités qui les distinguent à la nature du sol, du climat et des pâturages, ou à la culture des localités où elles se trouvent; car il s'est écoulé bien des siècles avant que l'on songeât à améliorer les races d'animaux. Celles du Roussillon, qui probablement provient des mérinos, a beaucoup d'analogie, sous le rapport des formes et de la beauté de la laine, avec cette dernière. Vient ensuite celle du Berri pour la finesse de la toison. Nos autres races indigènes n'offrent, à peu d'exceptions près, que des laines grossières; mais les améliorations qui ont eu lieu dans presque tous nos départemens, par l'introduction des mérinos ou par le croisement de ces animaux avec ceux du pays, ont donné, ou peu s'en faut, la quantité et la qualité de laines fines nécessaires à l'alimentation de nos fabriques et de notre commerce en draps; et il est hors de doute que l'instruction répandue dans nos campagnes et l'expérience des cultivateurs, apporteront dans nos troupeaux le dernier degré d'amélioration qui leur manque encore.

HISTOIRE NATURELLE

ET ÉCONOMIQUE

DE LA CHÈVRE.

Nous avons fait voir dans l'histoire du chien et du bœuf tous les avantages que ces deux animaux procurent à l'homme. Nous allons exposer dans ce petit ouvrage, principalement consacré au mouton, quels sont ceux qu'il retire de la chèvre.

La chèvre, inférieure en taille et en produit à la vache, est cependant un animal très utile, surtout à la classe des pauvres cultivateurs, auxquels elle peut offrir une assez grande quantité de lait pour la consommation d'un petit ménage. Il est une foule de circonstances où les pauvres gens peuvent, sans presque aucune dépense, entretenir la chèvre. En effet elle se nourrit des herbes les plus communes, que dédaignent le cheval, la vache et le mouton, et il existe très peu de plantes qui ne puissent lui servir de nourriture. Elle trouve à vivre dans les terrains les plus arides, parmi les rochers et les broussailles. Nous devons donc remercier Dieu d'avoir soumis à l'homme un animal qui nous est si utile dans beaucoup de circonstances.

La chèvre rumine ainsi que le bœuf et le mouton. Elle a huit dents incisives à la mâchoire inférieure, et elle en est privée à la mâchoire supérieure. Elle manque de dents canines qui caractérisent surtout l'homme et les animaux carnivores. Elle a de chaque côté, tant à la mâchoire inférieure qu'à la mâchoire supérieure, huit dents molaires. Ses cornes sont longues, ridées, formées par des espèces de nœuds, et recourbées en arrière; les oreilles pointues et assez longues; le menton garni d'une longue barbe. Son poil rude et long est ordinairement blanc ou noir, brun ou fauve; les mamelles au nombre de deux sont placées dans les aines. On voit quelques variétés de chèvres sans cornes, mais toutes ont sous la gorge deux appendices couverts de poils.

On trouve encore sur les hautes montagnes de la Perse, de l'Inde et de la Chine, la chèvre sauvage, d'où provient celle que l'homme a réduite à l'état de domesticité. C'est elle qui produit le *bézoard*, concrétion pierreuse qui se forme dans son estomac, et à laquelle on attachait anciennement de grandes propriétés médicales. Elle est aussi très recherchée en Asie, contrée où la science est encore dans l'enfance. Il existe dans nos campagnes un préjugé non moins ridicule. On croit qu'un bouc tenu dans une étable a la propriété de neutraliser le mauvais air, ou, ainsi qu'on l'appelle, le venin qui s'y trouve.

Quoique la chèvre soit d'un naturel vif, pétulant et même fantasque, elle est cependant très sociable et vit familièrement avec l'homme, ainsi qu'avec les autres animaux. Elle aime à errer dans les champs, à gravir sur les lieux montueux et les rochers presque inaccessibles; elle se tient, pour ainsi dire, suspendue sur les précipices, sans crainte de tomber, car la forme de ses pieds étant garnie tout autour d'une lame de corne saillante, lui permet de s'accrocher et de se tenir sur les pentes les plus inclinées.

Le bouc a des formes plus prononcées que la chèvre. Ils engendrent l'un et l'autre à un an ou dix-huit mois. Cette dernière porte pendant cinq mois et elle fait ordinairement un ou deux chevreaux. Elle n'est plus féconde à sept ans. Sa vie se prolonge jusqu'à l'âge de quinze à dix-huit ans. Elle préfère les climats chauds, et elle est d'autant mieux appropriée à ces climats qu'ils sont plus stériles et moins riches en pâturages; elle vit cependant très bien dans les climats tempérés, et supporte les régions très froides. L'humidité lui est contraire ainsi que les pâturages marécageux.

La chèvre, ainsi que nous l'avons dit, s'accommode de toute espèce de nourriture. Elle est très avide de l'écorce des jeunes bois, des bourgeons, des feuilles des ronces et des buissons. C'est pour cette raison qu'on doit l'éloigner des plantations d'arbres et des haies qu'elle dévaste promptement. Elle mange toute espèce de racines, comme taupinambours, pommes de terre, navets, carottes. Tous les débris de jardin lui sont propres, tels que feuilles de choux, de salade, etc. L'hiver on la nourrit de foin, ou avec toute espèce de feuillages ou de plantes sèches.

Des ordonnances très sévères ont été rendues dans différens endroits contre les chèvres; on a même été jusqu'à les prohiber entièrement. Des réglemens aussi impératifs, et je dirai même aussi inhumains, ont été portés par des hommes qui, pouvant se procurer toutes les jouissances de la vie, ne connaissaient pas la misère du pauvre. Quoi en effet de plus cruel que de priver une foule de familles indigentes du seul animal qu'elles pussent entretenir, et qui donne surtout aux enfans une nourriture saine et abondante! Que l'on défende, sous des peines sévères, aux propriétaires des chèvres de les envoyer sur la propriété d'autrui, rien de plus juste; mais c'est outrager la propriété individuelle que d'enlever à un citoyen, quel qu'il soit, un moyen d'existence. On pourrait faire paître les chèvres dans des clos entourés de haies, en leur mettant une sellette avec des bâtons croisés, qui ne leur permettrait pas de passer au travers, ainsi que nous l'avons vu pratiquer en Suisse.

Au reste, quoique les chèvres soient très vagabondes, elle s'habituent assez bien à une vie sédentaire, et donnent dans cet état d'aussi abondans produits. Ainsi on peut aussi les élever à l'étable toute l'année sans jamais les conduire dans les champs, comme cela se pratique au Mont-d'Or, aux environs de Lyon. Elles sont nourries dans ce lieu, une grande partie de l'année, avec des feuilles de vigne mélangées avec du marc de raisin que l'on conserve dans des tonneaux, des cuves ou des citernes remplis d'eau. Les chèvres ainsi traitées donnent beaucoup de lait, dont on fait des fromages très renommés.

On peut traire les chèvres quinze jours après qu'elles ont fait leurs petits ; elles continuent à donner du lait pendant cinq à six mois. On les trait deux fois par jour, et elles fournissent jusqu'à deux et trois pintes de lait, lorsqu'elles sont bien nourries. Le lait de chèvre, n'étant pas aussi gras que celui de vache, donne très peu de beurre, et ce beurre a même un goût de suif ; aussi on ne l'emploie qu'à la fabrication des fromages qui sont très bons, soit qu'on les fasse avec le seul lait de la chèvre, ou qu'on y mélange du lait de vache ou de brebis. Il est plus léger que celui de ces deux autres animaux, et mieux approprié aux estomacs faibles, étant d'une digestion plus facile.

La chèvre est d'une grande utilité dans les pays chauds, où l'entretien des vaches est très dispen dieux, et souvent même impossible; seule elle fournit tout le lait qui se consomme dans de vastes contrées. Presque toutes les villes d'Italie et d'Espagne et même du midi de la France, n'ont d'autre lait que celui des chèvres. Les bergers des environs de Rome et de Madrid conduisent tous les matins des troupeaux de chèvres que l'on trait dans les rues pour fournir à la consommation des habitans de ces villes.

Quoique la viande de ces animaux soit très inférieure à celle du bœuf et du mouton, elle est cependant employée comme aliment par les gens peu aisés. Les habitans des pays chauds la préfèrent à celle du mouton, qui, il est vrai, n'est pas aussi savoureuse dans ces contrées que dans le nord de l'Europe. Les jeunes chevreaux sont au contraire recherchés sur les tables les plus délicates.

Le suif de la chèvre est plus ferme que celui du mouton, et il forme des chandelles d'une bien meilleure qualité.

Le poil de chèvre trouve un emploi utile dans différens arts. On en fabrique des bouracans et des camelots, et différents objets de passementerie; il servait anciennement à faire des perruques. On fait de très beaux manchons avec la peau de la chèvre d'Angora, garnie de ses poils longs et soyeux. Toutes les chèvres ont deux espèces de poils; l'un roide, long, qui couvre toute la partie extérieure de leur corps; l'autre, fin, doux, moelleux et court qui est interposé entre les longs poils. Il pousse en hiver et tombe en été ; on le ramasse en peignant les chèvres. Une chèvre ordinaire en produit d'une à deux onces. Il est employé à faire des schalls et autres étoffes très moelleuses. L'on avait d'abord cru que les chèvres du Thibet produisaient seules cette espèce de duvet, mais on a reconnu, depuis l'importation de ces animaux en France, que les races que nous possédons en donnent tout autant et d'une aussi bonne qualité. La peau de cet animal est plus estimée que celle du mouton. Elle donne le beau maroquin dont on fait des portefeuilles, des reliures de livres, des garnitures de meubles de différens genres. Cette peau, étant très souple et très moelleuse, donne d'excellens gants, et des parchemins très fins. On l'employait anciennement à confectionner des tapisseries ornées de dessins en or. Les habitans de la campagne s'en servent pour faire des vêtemens et des manteaux qui les préservent de la pluie. On en fait aussi des havresacs, et des outres pour contenir le vin ou l'huile. Etendue sur le sol elle sert de couche aux habitans des campagnes dans plusieurs contrées. Enfin le fumier de cet animal donne un engrais très actif, et très propre à fertiliser les terres.

Les chèvres du Thibet diffèrent peu sous le rapport des formes, de la grandeur et des autres qualités, de celles que nous possédons en France. La chèvre d'Angora, qu'on a naturalisée parmi nous, est remarquable par sa grande taille, par la longueur, la finesse, le soyeux et la blancheur argentée de ses poils qui ont jusqu'à huit ou neuf pouces de long. On trouve en Asie et en Afrique quelques variétés de chèvres qui diffèrent plus ou moins de la chèvre ordinaire.